Les Ismore

UNNÜTZES WISSEN FÜR TEENAGER EXTREM

Unnützes Wissen fürs Klo oder zum Selberlesen, Lachen und Angeben bei Erwachsenen, Lehrern und Unwissenden - witziges Geschenk für Teenager Jungs und Mädchen

INHALT

EINLEITUNG: DIE KUNST DES UNNÜTZEN WISSENS

Herzlich willkommen, wissbegierige Jugendliche, zu einem Buch, das so nützlich ist wie ein Schirm in der Wüste, ein Kühlschrank in der Antarktis oder ein Taschenrechner für einen Goldfisch. Willkommen zu einer Reise durch die schillernde Welt des unnützen Wissens!

Du könntest jetzt vielleicht denken: „Wieso zur Hölle sollte ich mein Gehirn mit unnützem Zeug füllen? Ich meine, wer braucht schon Informationen darüber, wie viele Schnabeltier-Schweißdrüsen es gibt oder dass eine Gruppe von Fledermäusen auch als „Kolony" bezeichnet wird?"

Nun, lass mich dir das erklären. Unnützes Wissen ist wie der Kaugummi unter deinem Schuh – es klebt irgendwie an dir und wird vielleicht nie wirklich gebraucht, aber es bringt definitiv eine gehörige Portion Spaß in deinen Alltag!

Stell dir vor, du bist auf einer Party, und plötzlich verstummt die Unterhaltung. Was machst du? Ziehst du dein neuestes TikTok-Tanzvideo heraus? Oder beeindruckst du die Menge mit der Tatsache, dass männliche Seepferdchen diejenigen sind, die schwanger werden? Richtig geraten, mit unnützem Wissen kannst du blitzschnell zum Star jeder Unterhaltung werden.

KURIOSES AUS DER WELT DER TIERE

Aber das ist noch nicht alles! Unnützes Wissen ist wie die Superkraft, die niemand auf dem Schirm hat. Es macht dich zu einem wahren Meister des Small Talks, zu dem Typen oder dem Mädel, den alle im Raum bewundern, weil du die skurrilsten Dinge weißt. Es ist wie der Joker im Kartendeck des Lebens – unerwartet, aber immer für einen Lacher gut.

Also, schnall dich an! Denn wir tauchen ein in die Tiefen des Wissens, das niemand wirklich braucht, aber das uns alle ein bisschen schlauer, ein bisschen interessanter und vor allem ein bisschen lustiger macht. Mach dich bereit für eine Achterbahnfahrt durch die Absurditäten des Lebens – denn hier dreht sich alles um die Kunst des unnützen Wissens!

Tanzende Bienen

Honigbienen kommunizieren miteinander durch einen Tanz, den sie "Waggle Dance" nennen. Es ist wie ihre eigene kleine Disko, nur ohne DJ und mit mehr Pollen.

Schachspielende Ameisen

Einige Ameisenarten nutzen ihre Körper, um Brücken zu bilden und so Hindernisse zu überwinden. Es ist, als ob sie sich zu einem Team aus lebendigen LEGO-Steinen zusammenschließen.

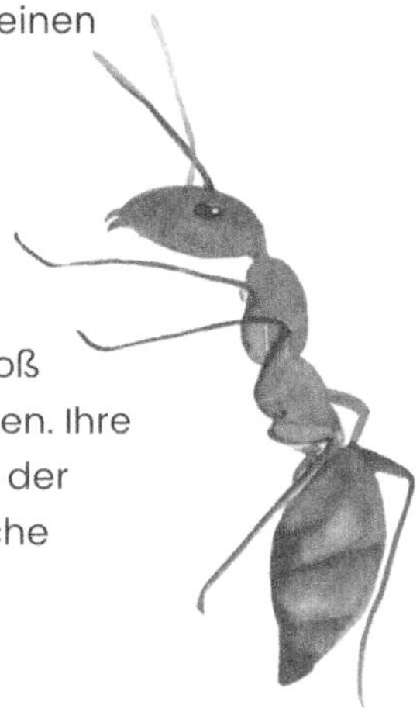

Kochkünste der Ameisen

Feuerameisen können sich zu einem lebenden Floß verbinden, um Überschwemmungen zu überstehen. Ihre Fähigkeiten im Bereich des Ingenieurwesens und der Überlebenskunst sind beeindruckender als manche Menschen in der Küche.

Gesellige Grillen

Grillen singen, um sich zu verabreden. Stell dir vor, du müsstest ein Lied singen, um jemanden zum Abendessen einzuladen. "Komm zu meinem Bau, ich habe frisches Gras und ein gemütliches Sofa!"

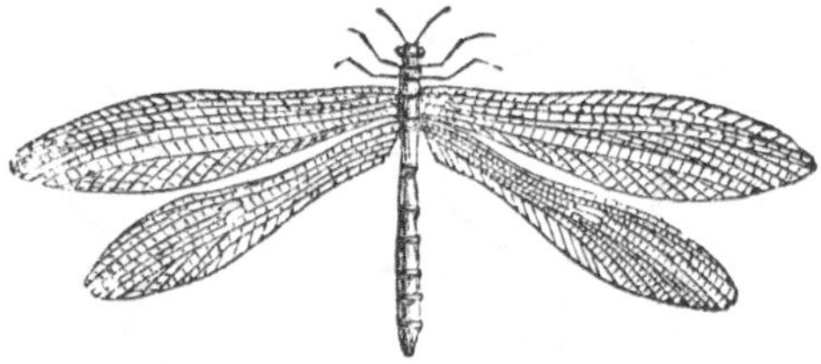

Libellen im Jet-Modus

Libellen können bis zu 60 km/h fliegen. Wenn sie eine Art von Flugzeug wären, hätten sie sicherlich den Titel „Superschnelle Schmeißfliege“ verdient.

Marienkäfer-Party

Marienkäfer sind soziale Insekten und versammeln sich in Gruppen. Ihre Punkte könnten möglicherweise die besten Accessoires für die angesagteste Käferparty sein.

Der Stinkbomben-Käfer

Der Bombardierkäfer kann eine Art chemische Stinkbombe erzeugen, um Feinde abzuschrecken. Eine nützliche Fähigkeit, die vielleicht auch in der Welt der Menschheit Anwendung finden könnte.

Flauschige Tarantula-Haustiere

Einige Vogelspinnenarten haben Brennhaare, die sie bei Bedrohung abstreifen können. Es ist wie ein pelziger Zaubertrick, nur nicht so angenehm für den Zauberer.

Bienen-Schlafparty

Bienen schlafen manchmal zusammen in Gruppen. Stell dir vor, du gehst zum Schlafengehen und deine ganze Familie und Freunde sind einfach da, kuscheln sich an dich und träumen vom nächsten Honigertrag.

Stolze Kakerlaken-Sprinter

Kakerlaken können bis zu drei Meilen pro Stunde rennen. Wenn es je einen Kakerlaken-Olympiastadion gäbe, wären sie sicherlich die Stars der Sprintveranstaltungen.

Axolotl, der ewige Jugendliche

Axolotl sind Salamander, die ihre Jugendlichkeit nie verlieren. Sie behalten ihre Kiemen, anstatt sich zu Lungen zu entwickeln, und sehen aus wie niedliche, lächelnde Wasserdinosaurier.

Dumbo-Oktopus

Der Dumbo-Oktopus hat große Ohren, die wie die von Dumbo, dem Elefanten, aussehen. Diese niedlichen Tintenfische leben in den tiefen Ozeanen und wirken fast wie außerirdische Wesen aus einem Kinderbuch.

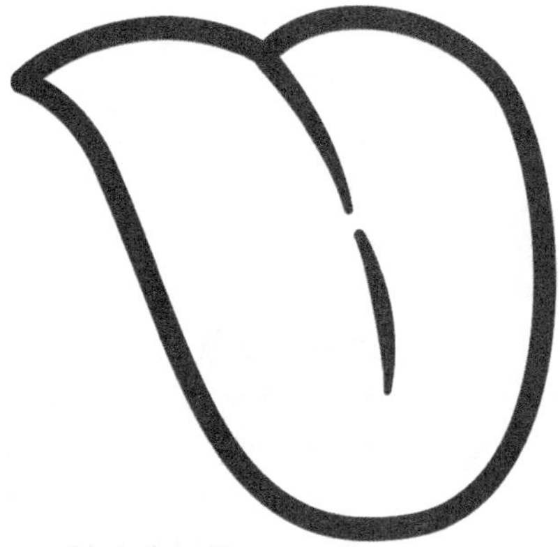

Ameisenbär-Zunge

Der Ameisenbär hat eine besonders lange, klebrige Zunge, die bis zu 60 Zentimeter lang werden kann. Sie ist perfekt dafür geeignet, Ameisen und Termiten aus ihren Verstecken zu holen – ein wahrer Meister im Schlemmen von Insekten.

Mantis Shrimp, der Boxer des Meeres

Die Fangschreckenkrebse oder Mantis Shrimps haben extrem schnelle Scheren, mit denen sie Beute packen und sogar das Wasser so schnell bewegen können, dass es kurzzeitig kocht. Diese kleinen Meeresbewohner sind echte Boxkünstler.

Tardigraden, die Überlebenskünstler

Tardigraden oder Wasserbären sind mikroskopisch kleine, extrem widerstandsfähige Lebewesen. Sie können extreme Bedingungen überstehen, einschließlich Vakuum, Strahlung und extremen Temperaturen. Die ultimativen Überlebenskünstler!

Geisterfledermaus

Die Geisterfledermaus hat durchsichtige Flügel, was ihr ein geisterhaftes Aussehen verleiht. Sie sind wie die Ninjas der Fledermauswelt – ungesehen und effizient.

Blobfisch, der gelassene Meeresbewohner

Der Blobfisch hat ein ungewöhnliches Aussehen, das an ein gelatineartiges Wesen erinnert. In der Tiefe des Ozeans, wo der Druck enorm ist, sieht der Blobfisch allerdings viel normaler aus.

Wolpertinger, das Fantasietier

Der Wolpertinger ist ein bayerisches Fabelwesen, das aus Teilen verschiedener Tiere zusammengesetzt ist, darunter Hase, Ente, und anderes Federvieh. Eine kuriose Mischung, die den Menschen in Bayern als Scherz dienen soll.

Gelbbauchglasfrosch, der Durchleuchtbare

Der Gelbbauchglasfrosch hat einen durchsichtigen Bauch, der es ermöglicht, seine inneren Organe zu sehen. Es ist, als hätte er sein eigenes Ultraschallgerät integriert.

Narwal, das Einhorn des Meeres

Der Narwal ist oft als „Einhorn des Meeres" bekannt. Männliche Narwale haben einen langen Zahn, der bis zu drei Meter lang werden kann. Es sieht aus wie das Horn eines Fabelwesens, nur real und unter Wasser.

Komplizierte Liebesbriefe der Bienen

Männliche Bienen, auch Drohnen genannt, schreiben im Grunde Liebesbriefe an die Königin. Doch anstatt Tinte verwenden sie Duftstoffe, die sie in die Luft freisetzen. Du kannst es dir vorstellen wie: „Rosen sind rot, Veilchen sind blau, ich liebe dich, hier ist mein Duft, oh wie süß!"

Verkleidungskünstler – der Ameisen-Bodyguard

Bestimmte Schmetterlingsraupen tarnen sich als Ameisenlarven, um von Ameisen beschützt zu werden. Es ist wie ein unterhaltsamer Fall von Insekten-Identitätsdiebstahl.

Stinkefinger der Geier

Wenn Geier gestört oder bedroht werden, verteidigen sie sich, indem sie auf ihre Füße kotzen. Das ist vielleicht nicht die eleganteste Verteidigungsstrategie, aber effektiv!

Alpakas als Therapeuten

Alpakas sind dafür bekannt, dass sie Menschen beruhigen können. Manchmal werden sie als „Therapie-Alpakas" eingesetzt. Ihre entspannte Art und ihre flauschigen Körper machen sie zu den besten Pelztherapeuten.

Verrückte Singvögel

Der Lyrebird aus Australien ist ein echter Entertainer. Er kann nicht nur Geräusche aus seiner Umgebung nachahmen, sondern auch Kamera-Auslösegeräusche und Motorsägenklänge. Er ist der DJ des australischen Dschungels.

Lachender Delfin

Delfine haben die Fähigkeit, zu lachen. Während es für uns Menschen nicht immer einfach ist, Delfin-Humor zu verstehen, gibt es Momente, in denen sie ihre eigene Art von Unterwasserwitzen zu haben scheinen.

Spiegel, Spiegel an der Wand

Schimpansen erkennen sich im Spiegel und können ihre eigenen Grimassen sehen. Das führt manchmal zu ausgiebigen Spaß-Selbstgesprächen – ein bisschen wie ein Affen-Stand-up-Comedy-Auftritt.

Verspielte Krähen

Krähen sind nicht nur intelligent, sondern auch verspielt. Manchmal beobachten sie sich selbst dabei, wie sie sich im Schnee rutschen lassen und scheinen regelrecht Spaß daran zu haben. Winterfreuden der gefiederten Art!

Die Zumba-Flamingos

Flamingos tanzen oft in Gruppen, um Nahrung im Wasser aufzuwirbeln. Es sieht aus wie eine tropische Zumba-Party – nur mit mehr Federn und weniger Neonlicht.

Die außergewöhnlichen Gesichter der Axolotls

Axolotls können ihre Kiemen als Art von externen Kiemenbärten nutzen. Es sieht aus, als hätten sie frisch gewaschene Handtücher über ihre Köpfe geworfen – eine trendige Accessoire-Wahl für die Amphibienwelt.

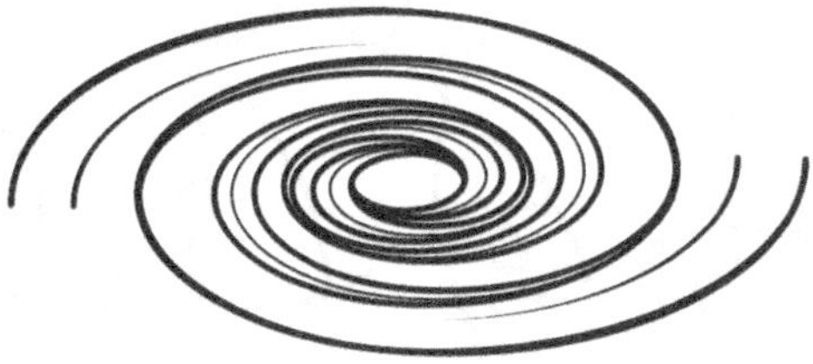

SELTSAME PHÄNOMENE AUS DER NATUR

Tanzen im Himmel

Polarlichter entstehen durch die Wechselwirkung von geladenen Teilchen aus der Sonne mit der Erdatmosphäre. Es ist, als würde der Himmel seine eigene, farbenfrohe Tanzparty schmeißen.

Glühwürmchen-Lichterfest

Glühwürmchen kommunizieren durch ihre blinkenden Lichter, und es gibt Orte auf der Welt, an denen diese kleinen Käfer in so großer Zahl leuchten, dass es wie ein magisches Lichterfest aussieht.

Der Mond als Frühstücksbrot

Der Mond beeinflusst die Gezeiten auf der Erde, aber es gibt sogar Berichte über Menschen, die glauben, dass der Vollmond den Geschmack von Käse beeinflusst. Das wäre dann ein astronomisches Frühstück!

Der tanzende Sonnentanz

Die Sonne hat einen 11-jährigen Aktivitätszyklus, der sich durch Sonnenflecken und erhöhte Strahlung zeigt. Wenn die Sonne tanzt, wird es auf der Erde möglicherweise ein wenig wärmer – so als würde sie uns einheizen.

Fliegende Kühe und Fallstricke

Tornados haben die erstaunliche Fähigkeit, seltsame Dinge in die Luft zu wirbeln. Es gibt Berichte von fliegenden Kühen und anderen ungewöhnlichen Objekten, die wie in einem Zirkusakt durch die Luft tanzen.

Das mysteriöse Nordlicht

Der geomagnetische Nordpol wandert ständig, und niemand weiß wirklich, warum. Es ist, als würde die Erde sich einen kleinen Spaß erlauben und ihren magnetischen Pol herumtanzen lassen.

Die Wolken-Achterbahn

Lenticularwolken können aussehen wie UFOs oder riesige, flache Pfannkuchen. Es ist, als ob die Natur eine himmlische Achterbahn für unsere Phantasie baut.

Der fliegende Regenbogen

Feuchte Luft und Sonnenschein können einen fliegenden Regenbogen erzeugen. Stell dir vor, wie faszinierend es wäre, in einem fliegenden Regenbogen zu surfen!

Der tanzende Sternenhimmel

Die Sterne tanzen, wenn sie durch die Erdrotation erscheinen, sich aber auch durch die Milchstraße bewegen. Der Himmel ist wie eine ständige Galavorstellung der Sterne, die ihre eigenen Choreografien aufführen.

Blitz und Donner im Duett

Gewitter erzeugen nicht nur Blitze, sondern auch Donner. Es ist die kosmische Version von Licht und Ton auf einer gigantischen Bühne.

Der Atem der Erde

Geysire sind wie die Atemzüge der Erde. Sie spucken periodisch Wasser und Dampf aus und geben uns einen faszinierenden Einblick in die innere Dynamik unseres Planeten.

Das Summen der Magnetfelder

Wenn die Erde mit dem Sonnenwind interagiert, entsteht ein geheimnisvolles Summen, das von den Magnetfeldlinien unseres Planeten erzeugt wird. Es ist, als würde die Erde ein Lied für uns summen, das nur von denjenigen gehört werden kann, die genau hinhören.

Die Wunder des Wetterphänomens

Bei einem Wetterphänomen namens „Halo“ entstehen Kreise um Sonne oder Mond, verursacht durch Lichtbrechung durch Eiskristalle in der Atmosphäre. Es sieht aus, als würde der Himmel uns mit einem riesigen Smiley begrüßen.

Der Schluckauf der Geysire

Manche Geysire haben einen unregelmäßigen Zeitplan und brechen nicht immer pünktlich aus. Sie sind wie die Naturversion eines Geysir-Schluckaufs.

Der Tanz der Sonnenuhr

Schattenstäbe auf Sonnenuhren können wie magische Zeiger wirken, die uns die Zeit auf natürliche Weise zeigen. Eine sonnenverzauberte Uhr für diejenigen, die den Tanz der Sonne verfolgen wollen.

Der Zirkus der Lichtsäulen

Lichtsäulen entstehen durch die Reflexion von Licht an Eiskristallen in der Atmosphäre. Es ist, als würden Lichtstrahlen eine glamouröse Bühnenshow mit Säulen veranstalten.

Der Wind als Friseur

In einigen trockenen Wüstengebieten können Wind und Sand so stark sein, dass sie Felsen in erstaunliche Formationen schnitzen. Es ist, als würde die Natur ihre eigene Wüstenschneiderei betreiben.

Die Insel des Mitternachtssommers

Auf der Insel Sommarøy in Norwegen geht die Sonne im Sommer 70 Tage lang nicht unter. Die Bewohner haben einen 24/7-Partymodus, der so lange dauert wie ein unendlicher Sonnenuntergang.

Der singende Sand

In manchen Wüstengebieten kann der Sand tatsächlich „singen", wenn er von Wind bewegt wird. Die Natur spielt uns vielleicht ein geheimes Wüstenkonzert vor.

Die tanzenden Wasserläufer

Wasserläufer bewegen sich so schnell auf der Wasseroberfläche, dass es aussieht, als würden sie tanzen. Ihre Beine sind vielleicht die kleinsten Tanzschuhe der Natur.

Das Geheimnis der flüssigen Bleistiftzeichnung

Der Zaubertrick des Flüssigbleistifts besteht darin, dass Flüssigkeit zwischen zwei Schichten Glas von einem starken Magnetfeld beeinflusst wird. Es ist, als würde die Wissenschaft Zauberei auf mikroskopischer Ebene betreiben.

Die Kaskade der fliegenden Fische

Fliegende Fische können sich aus dem Wasser erheben und kurze Strecken in der Luft zurücklegen. Sie sind die Aquabatman-Version der Natur.

Die faszinierende Vortex-Straße

In einigen Flüssen können sich Wirbelstraßen bilden, die wie ein unsichtbarer Pfad über das Wasser aussehen. Es ist, als würde die Natur geheimnisvolle Straßen für uns eröffnen.

Der „Hoppende Marschmallow“ Baum

In Australien gibt es eine Pflanze namens „Gympie-Gympie“. Diese Pflanze hat Blätter, die mit winzigen, extrem schmerzhaften Nadeln bedeckt sind. Der Schmerz soll so intensiv sein, dass er mit dem Verbrennen durch eine glühende Zigarette vergleichbar ist. Die Einheimischen bezeichnen die Pflanze manchmal scherzhaft als „hüpfenden Marschmallow“, weil man nach Kontakt mit ihr vor Schmerzen hüpft.

Der „Panda-Ameisen“ Trick

In den Regenwäldern Südamerikas gibt es Ameisen, die von Forschern als „Panda-Ameisen“ bezeichnet werden. Diese Ameisen haben auffällige, kontrastreiche schwarz-weiße Muster, die an Pandas erinnern. Es ist interessant, dass diese Muster keine evolutionäre Bedeutung haben, sondern sie entstehen durch winzige Haare auf ihrem Körper, die unterschiedlich pigmentiert sind. Die Ähnlichkeit mit Pandas ist also eher zufällig und führt zu einem lustigen Phänomen in der Ameisenwelt.

LUSTIGES ÜBER UNS MENSCHEN

Die „Hälfte meines Sandwichs ist deins“ Regel

Wahre Freunde haben das ungeschriebene Gesetz, dass es in Ordnung ist, ohne zu fragen, einen Bissen aus dem Sandwich des anderen zu nehmen. Es ist wie eine geheime Vereinbarung in der Freundschafts-Satzung.

Der „Ich-hör-dir-zu-auch-wenn-du-über-Geister-philosophierst“ Freund

Echte Freunde sind diejenigen, die geduldig zuhören, auch wenn du über paranormale Phänomene philosophierst oder eine 20-minütige Theorie über die wahre Bedeutung von Bananen aufstellst.

Die „Schweigen-ist-nicht-unangenehm“ Freunde

Wahre Freunde können auch zusammen schweigen, ohne dass es unangenehm wird. Es ist, als würden die Gedanken zwischen euch flüstern und keiner von euch fühlt sich verpflichtet, sie laut auszusprechen.

Die „Wir-lachen-auch-über-die-alten-Frisuren“- Gang

Echte Freunde haben das Recht, über die modischen Fehltritte der Vergangenheit zu lachen. Es ist wie ein geheimes Abkommen, dass alte Frisuren und modische Entscheidungen für immer im Archiv der Lächerlichkeit bleiben.

Der „Ich-weck-dich-auf-auch-wenn-du-keinen-Kaffee-hast“ Kumpel

Ein wahrer Freund ist auch bereit, dich morgens aufzuwecken, auch wenn du keinen Kaffee hast. Das ist der ultimative Test der Freundschaftsbelastbarkeit.

Die „Gemeinsame-Sprache-der-Blicke“ Crew

Echte Freunde können ganze Geschichten nur mit einem Blick erzählen. Es ist wie eine geheime Sprache, die nur von euch beiden verstanden wird.

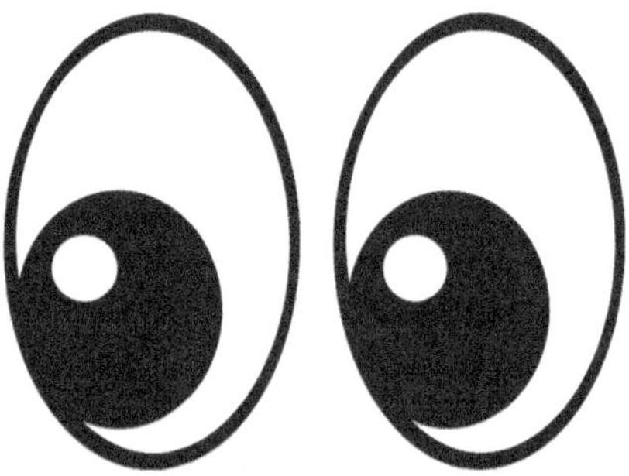

Die „Wir-haben-eine-Geschichte-die-nur-wir-verstehen“ Freunde

Wahre Freunde haben eine Geschichte, die so urkomisch ist, dass niemand sonst sie verstehen würde. Es ist eure private Komödie, die euch immer zum Lachen bringt.

Die „Keine-Judgment-Zone“ Partner

Echte Freunde sind wie eine „Keine-Judgment-Zone“. Egal, wie seltsam oder bizarr deine Ideen sind, sie werden sie respektieren und wahrscheinlich sogar mitspielen.

Die „Wir-können-uns-nicht-länger-ernst-nehmen“-Bande

Wahre Freunde sind diejenigen, die dich so gut kennen, dass sie dich nicht länger ernst nehmen können. Selbst die ernsthaftesten Dinge werden zu Lachanfällen.

Der „Ich-schick-dir-komische-Memes-mitten-in-der-Nacht"-Verbündete

Echte Freunde sind bereit, dir mitten in der Nacht komische Memes zu schicken, um sicherzustellen, dass du mit einem Lächeln einschläfst. Das ist der beste Weg, den Tag zu beenden.

Die „Ich-nehme-deine-Pommes-und-du-bist-trotzdem-süß"-Regel

Echte Liebe bedeutet, dass du bereit bist, Pommes von seinem Teller zu klauen und er dich trotzdem süß findet. Das ist die ultimative Kompatibilität.

Der „Durchgeknallte-Pärchen-Namen"-Effekt

Paare neigen dazu, verrückte Spitznamen für sich selbst zu erfinden. Wenn du also plötzlich als „Schnuffelwuffel" angesprochen wirst, bist du offiziell in einer Liebesblase gelandet.

Die „Ich-vergess-deinen-Namen-aber-ich-liebe-dich"-Magie

Wahre Liebe ist, wenn du manchmal den Namen deines Partners vergisst, aber das Herz immer weiß, wohin es gehört. Das ist Liebe auf Autopilot.

Der „Netflix-Serie-und-Schlaf"-Marathon

In einer Beziehung besteht ein perfektes Date oft aus einer Netflix-Serie und einem gemeinsamen Mittagsschlaf. Das ist der wahre Luxus der Liebe.

Das „Kühlschrank-Freudenfest"

Liebe geht durch den Magen, aber sie hält auch im Kühlschrank Einzug. Wahre Glückseligkeit ist, wenn man die Kühlschranktür öffnet und feststellt, dass der Partner heimlich die Lieblingssnacks aufgefüllt hat.

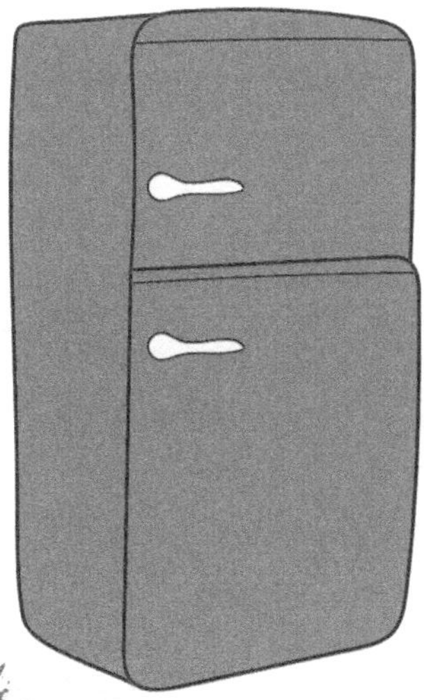

Die „Ich-sende-dir-komische-GIFs-um-den-Tag-zu-versüßen"-Geste

Kleine Gesten, wie das Senden von lustigen GIFs, sind die modernen Liebesbriefe. Es ist wie ein „Ich liebe dich" in GIF-Form.

Die „Gemeinsam-alt-werden"-Verschwörung

Echte Liebe ist, wenn ihr plant, zusammen alt zu werden, aber auch einen Notfallplan für die Zombieapokalypse habt. Sicherheit geht vor, auch in der Liebe.

Das „Ich-vergess-die-Welt-wenn-ich-bei-dir-bin"-Phänomen

Wenn du dich in jemanden verliebst, vergisst du manchmal die Zeit und den Rest der Welt. Das ist die Liebesversion von Zeitreisen.

Die „Ich-kann-nicht-schlafen-ohne-deine-Socken"-Rituale

Manchmal ist Liebe so stark, dass du nicht einschlafen kannst, es sei denn, du trägst die Socken deines Partners. Das ist das Geheimnis der süßen Träume.

Der „Wir-haben-uns-bei-Tinder-getroffen-und-jetzt-sind-wir-ein-Walk-of-Fame"-Erfolg

In der modernen Welt kann die wahre Liebe ihren Anfang auch in Dating-Apps haben. Es ist wie der Walk of Fame für Liebesgeschichten des 21. Jahrhunderts.

Der „Film-Geräuschtrack"

Im echten Leben gibt es normalerweise keine perfekt synchronisierten Filmmusikuntermalungen während des ersten Geschlechtsverkehrs. Aber wer weiß, vielleicht könnten einige romantische Melodien eine amüsante Note hinzufügen.

Das „Wir-sollten-das-nicht-machen"-Gefühl

Es gibt oft diesen Moment, in dem beide denken: „Wir sollten das nicht tun." Doch die Neugier und die Hormone siegen, und es wird trotzdem gemacht. Ein klassisches Beispiel von „Sollten wir? Ach, was soll's!"

Der „Wissenschaftlich-ungenaue-Liebesakt"

Trotzdem, wie es in romantischen Filmen aussehen mag, gibt es keine genauen Wissenschaftsformeln für den „perfekten" ersten Sex. Experimentieren ist erlaubt!

Der „Abenteuerliche-Klamotten-Strip“

In der Realität dauert der Klamotten-Strip oft länger und kann manchmal zu einem witzigen Kampf mit BH-Verschlüssen führen. Es ist wie eine gemeinsame Herausforderung, die man als Paar bewältigt.

Der „Epic-Fail“-Moment

Nicht jeder erste Sex ist gleich ein Meisterwerk. Es gibt oft Momente, die als „Epic Fails“ in die gemeinsame Erinnerung eingehen. Das Wichtige ist, darüber zu lachen und die Verbindung zu vertiefen.

Die „Suche-nach-dem-verdammten-Kondom“-Mission

Die Suche nach einem Kondom kann manchmal zu einer lustigen Schnitzeljagd werden, besonders wenn sie in einem unerwarteten Winkel der Nachttischschublade versteckt sind.

Der „Selbstbewusstseins-Reality-Check“

Nach all den Hollywood-Darstellungen realisiert man möglicherweise, dass der erste Sex nicht automatisch zu einem vollendeten Akt der Leidenschaft führt. Manchmal ist es unbeholfen, aber das ist völlig normal.

Das „Schüchterne-Licht-aus“-Manöver

Viele beginnen ihren ersten Sex mit gedämpftem Licht oder ganz ohne Licht. Es ist wie ein Schutzschirm, der die Unsicherheiten minimieren soll. Pluspunkt: Es kann auch eine spaßige Geheimagenten-Atmosphäre schaffen.

Die „War-das-alles?“-Überraschung

Nach dem ersten Sex könnte es Momente geben, in denen man denkt: „War das jetzt alles?“ Es ist normal, dass nicht jeder die gleiche epische Erfahrung hat, und das ist okay.

Die „Was-soll-ich-jetzt-sagen?“-Stille

Nach dem Akt könnte eine gewisse Stille eintreten, und beide denken: „Was soll ich jetzt sagen?“ Das ist völlig normal. Ein humorvolles Gespräch kann die Spannung brechen und für eine erleichternde Atmosphäre sorgen.

Wichtig ist, dass jeder Mensch einzigartig ist, und es gibt kein „richtiges“ oder „falsches“ Szenario. Respekt, Kommunikation und das Verständnis für die Gefühle des Partners stehen immer an erster Stelle.

ÜBERRASCHENDES AUS DER WELT DER TECHNIK

Der erste Computer-Bug

Der Begriff „Bug“ als Fehler in der Software entstand 1947, als Wissenschaftler einen echten Käfer aus einem Computer entfernen mussten, um ein Problem zu beheben. Der erste bekannte „Bug“ war also wörtlich ein Insekt!

Die Computerkraft der Apollo 11 Mission

Die Computer, die die Apollo-11-Mission zum Mond steuerten, hatten weniger Rechenleistung als ein durchschnittliches Smartphone von heute. Trotzdem haben sie Großes vollbracht!

Die QWERTZ-Tastatur-Entwicklung

Die Anordnung der Tasten auf einer Tastatur, bekannt als QWERTZ, wurde nicht nur für Effizienz, sondern auch zur Vermeidung von mechanischen Blockaden bei alten Schreibmaschinen entwickelt. Es sollte sicherstellen, dass die häufigsten Buchstaben nicht zu nah beieinander lagen.

Die erste Webcam wurde für Kaffeeliebhaber erfunden

Die erste Webcam wurde 1991 von Wissenschaftlern am Cambridge University Computer Laboratory entwickelt, um den Status der Kaffeekanne in der Nähe ihres Büros zu überwachen. So konnten sie sehen, ob es sich lohnt, aufzustehen und eine frische Tasse Kaffee zu holen.

Die ersten 1 GB Festplatten wogen über eine Tonne

Die IBM 3380, eine der ersten kommerziellen Festplatten mit 1 GB Speicherkapazität, wurde 1980 eingeführt und wog über 500 Kilogramm. Heutzutage passt ein 1 TB USB-Stick problemlos in die Hosentasche.

Die Geburtsstunde des Internets

Das erste elektronische Nachrichtenübermittlungssystem, Vorläufer des heutigen Internets, wurde 1969 von ARPANET entwickelt. Die erste Nachricht zwischen zwei Computern war „LOGIN“, aber das System stürzte nach den Buchstaben „LO“ ab. Es war buchstäblich eine halbe Anmeldung!

Der erste kommerziell erhältliche Mobiltelefonanruf

Am 3. April 1973 führte Martin Cooper, ein Motorola-Manager, den ersten Anruf mit einem kommerziell erhältlichen Mobiltelefon durch. Er rief einen Konkurrenten bei Bell Labs an und sagte: „Ich rufe dich von einem echten Mobiltelefon an, einem echten Handtelefon!"

Das Morsecode-SMS-System

Vor der Einführung von SMS wurden Nachrichten über Morsecode versendet. Das erste Morsecode-SMS wurde 1992 von einem Forscher an der University of Illinois gesendet. Es lautete: „Merry Christmas."

Der weltweit erste Computer-Virus

Der erste bekannte Computer-Virus namens „Brain" wurde 1986 von zwei pakistanischen Brüdern erstellt. Es war eigentlich eine harmlose Infektion, die nur den Namen und die Adresse der Programmierer anzeigte, um darauf hinzuweisen, dass der Computer infiziert war.

Der Supercomputer im Gehirn

Das menschliche Gehirn kann Schätzungen zufolge etwa 2,5 Petabyte an Informationen speichern, was ungefähr der Kapazität von 300 Jahren HD-Videoaufnahmen entspricht. Kein Computer kommt der beeindruckenden Verarbeitungskraft und Effizienz des menschlichen Gehirns nahe.

Die „Offline"-Realität

Früher musste man offline gehen, um nach draußen zu gehen. Und das war keine App-Option, sondern die einzige Möglichkeit!

Die „Landkarten-Rallye"

Wenn man sich verfahren hat, gab es keine Navigationssysteme. Stattdessen faltete man riesige Landkarten auf dem Beifahrersitz aus und versuchte, den Weg zu finden, ohne sie komplett zu zerreißen.

Der „Kassetten-Mixtape"-Liebesbeweis

Anstatt Spotify-Playlisten zu teilen, erstellte man in den alten Tagen Mixtapes auf Kassetten. Der Liebesbeweis bestand darin, die perfekte Abfolge von Songs auszuwählen und das Band ohne Verheddern zu spulen.

Die „Fotoentwicklungs-Überraschung"

Man konnte keine Fotos sofort sehen. Man musste den Film entwickeln lassen, und oft gab es die Überraschung, dass die Hälfte der Bilder unscharf oder vom Daumen verdeckt waren.

Der „Warteschleifen-Marathon"

Wenn man bei Freunden anrufen wollte, musste man erst durch die elendig lange Warteschleife der Telefonleitung, die manchmal länger war als das eigentliche Gespräch.

Die „Brief-Tauben-Alternative"

Wenn man Nachrichten übermitteln wollte, ohne zu telefonieren, schrieb man Briefe. Es war wie die Vorläuferversion von Textnachrichten, nur mit mehr Geduld und weniger Emojis.

Die „VHS-Bandenanrufung"

Das Rückspulen von VHS-Kassetten, um den Film noch einmal zu sehen, war eine gemeinsame Aufgabe. Man fühlte sich fast wie ein Schamane, der die Kräfte der VHS-Bandenanrufung beherrschte.

Der „Postkarten-Urlaubsbericht"

Statt Bilder von jedem Moment des Urlaubs zu teilen, schrieb man Postkarten an die Lieben zu Hause. Man hoffte, dass die Karte vor der Rückkehr des Absenders ankommen würde.

Das „Taschenlampen-Unter-dem-Bett-Lesevergnügen"

Anstatt auf Tablets zu lesen, nutzte man Taschenlampen unter der Bettdecke, um heimlich nachts zu lesen. Es war eine Kunst, die Eltern davon zu überzeugen, dass man „schlief".

Die „Telefonzellen-Verabredung"

Statt sich per SMS zu verabreden, traf man sich an Telefonzellen oder anderen vereinbarten Orten. Manchmal konnte man sogar noch das Klingeln der Münztelefone im Hintergrund hören.

Die „Ich-habe-es-verstanden"-Illusion

Viele Menschen geben vor, eine komplexe Diskussion in den sozialen Medien zu verstehen, indem sie einfach „Ah, ja" kommentieren. In Wirklichkeit haben sie oft keine Ahnung.

Der „Foto-Standort-Geheimcode"

Wenn jemand ein Selfie mit dem Standort „Zuhause" postet, könnte es bedeuten, dass er keine Pläne für den Abend hat und einfach zu faul ist, das zu ändern.

Das „Ewige-Essensfotografen-Dilemma"

Das Essen wird oft kalt, bevor es gegessen wird, weil man es erst fotografieren muss. Manchmal ist das Bild jedoch wichtiger als der Geschmack.

Der „Screenshot-Überlebensinstinkt"

Das unangenehme Gefühl, wenn man merkt, dass jemand einen Screenshot von einem peinlichen Beitrag gemacht hat. Das ist der digitale Instinkt, der besagt: „Ich muss meine Social-Media-Scham vertuschen!"

Die „Spät-nächtliche-Social-Media-Weisheit“

Jeder glaubt nach Mitternacht, weise Gedanken in den sozialen Medien teilen zu müssen. In Wirklichkeit ist es wahrscheinlich nur der Schlafmangel, der das Gehirn verrücktspielen lässt.

Der „Hobbyfotografen-Alarm“

Wenn jemand sein Essen fotografiert, bevor er überhaupt einen Bissen genommen hat, besteht die Gefahr, dass er ein ernsthafter Social-Media-Hobbyfotograf ist. Vorsicht ist geboten!

Das „Ich-habe-viele-Freunde“-Phänomen

Manche Menschen sammeln Freunde in den sozialen Medien wie Trophäen. Es ist wie ein Wettbewerb, wer die längste Freundesliste hat. Qualität über Quantität, anyone?

Die „Eskalationsstufen-des-Gefällt-mir“

Es gibt eine subtile Kunst, die Eskalationsstufen des „Gefällt mir“ zu beherrschen, von einem einfachen Like über den Daumen hoch bis hin zur Herzreaktion. Jeder hat seine eigene Like-Philosophie.

Der „Emoji-Experte“

Manche Menschen sind so gut darin, Emojis zu verwenden, dass man denkt, sie hätten ein Diplom in Emoji-Kommunikation. Die wahre Fähigkeit liegt darin, einen ganzen Roman mit nur Emojis zu schreiben.

Die „Ich-habe-keine-Zeit-für-Chats“-Ausrede

Jemand, der ständig online ist, aber auf Nachrichten nicht antwortet, könnte die „Ich-habe-keine-Zeit-für-Chats“-Ausrede verwenden. In Wirklichkeit ist es eher ein „Ich-habe-keine-Lust-auf-Chats“-Moment.

Unnützes Wissen über Influencer

Luftverschmutzung beeinflusst Likes

Es wurde festgestellt, dass Influencer dazu neigen, weniger Likes zu erhalten, wenn sie Fotos in stärker verschmutzten Luftgebieten posten. Saubere Luft scheint also nicht nur gut für die Gesundheit, sondern auch für die soziale Anerkennung zu sein.

Insta-Mythen entlarvt

Eine Studie hat ergeben, dass Bilder mit dem Hashtag #nofilter tatsächlich eine höhere Interaktionsrate haben als solche ohne diesen Hashtag. Offenbar mögen Menschen es, wenn sie wissen, dass keine Filter verwendet wurden.

Die Magie der Farbe Blau

Fotos, auf denen die Farbe Blau dominierend ist, erhalten statistisch gesehen mehr Likes. Möglicherweise liegt das daran, dass Blau mit Ruhe und Frieden assoziiert wird.

Emojis erhöhen die Interaktion

Beiträge mit Emojis neigen dazu, mehr Engagement zu generieren. Es scheint, als ob ein kleines Emoji den Ausdruck verbessern und die Beteiligung der Follower steigern kann.

Montagsblues bei Followern

Der Montag ist der Tag, an dem die meisten Menschen auf Instagram weniger aktiv sind. Vielleicht liegt das daran, dass viele von uns zu Beginn der Woche mit anderen Dingen beschäftigt sind.

Die Goldene Stunde zählt

Bilder, die während der „Goldenen Stunde" - kurz nach Sonnenaufgang oder vor Sonnenuntergang - aufgenommen wurden, neigen dazu, mehr Likes zu erhalten. Das weiche Licht in dieser Zeit macht Bilder anscheinend ansprechender.

Katzen schlagen Hunde

Beiträge mit Katzen bekommen im Durchschnitt mehr Likes als solche mit Hunden. Die Internetliebe für Katzen scheint also auch auf Social Media präsent zu sein.

Das Dilemma des Donnerstags

Überraschenderweise ist der Donnerstag der Tag, an dem die wenigsten Likes für Instagram-Posts generiert werden. Offenbar kämpfen viele Menschen bereits mit den Gedanken ans Wochenende.

Hashtags können schaden

Zu viele Hashtags können sich negativ auf die Interaktion auswirken. Die optimale Anzahl liegt anscheinend zwischen 5 und 10 Hashtags pro Beitrag.

Essen schlägt Selbsties

Beiträge, die Essen zeigen, erhalten im Durchschnitt mehr Likes als Selfies. Offenbar sind Food-Pics weiterhin ein bewährter Weg, die Aufmerksamkeit zu gewinnen.

Die Macht der Sonnenbrille

Influencer, die auf Fotos Sonnenbrillen tragen, erhalten durchschnittlich mehr Likes. Vielleicht verleiht der Hauch von Geheimnis durch die Gläser einen zusätzlichen Reiz.

Der Einfluss von Emoji-Anordnungen

Die Art und Weise, wie Emojis angeordnet sind, kann die Interaktion beeinflussen. Beispielsweise wird ein Emoji am Anfang des Textes oft besser wahrgenommen als am Ende.

Weniger ist mehr bei Bildbeschreibungen

Beiträge mit kürzeren Bildbeschreibungen erhalten tendenziell mehr Likes. Offenbar bevorzugen viele Menschen eine knappe und prägnante Beschreibung.

Der Trend der Tierohren

Filter mit Tierohren sind unter Influencern beliebt. Beiträge mit diesem Filter erhalten häufiger positive Reaktionen, was darauf hindeutet, dass Tierohren die Kommunikation auf charmante Weise beeinflussen.

Schwarzweißbilder ziehen an

Obwohl bunte Bilder oft beliebt sind, können schwarzweiße Fotos eine höhere Interaktionsrate haben. Der klassische Look scheint zeitlos zu sein.

Der Einfluss von Text auf Bildern

Beiträge mit übermäßig langen Texten auf Bildern erhalten tendenziell weniger Likes. Es scheint, als ob viele Menschen visuelle Inhalte bevorzugen, ohne durch zu viel Text abgelenkt zu werden.

Vorfreude auf das Wochenende

Freitagnachmittag ist die Zeit, zu der die meisten Likes generiert werden. Die Vorfreude auf das Wochenende spiegelt sich also auch in der Social-Media-Aktivität wider.

Tiere vs. Menschen

Bilder, auf denen Tiere allein zu sehen sind, erhalten mehr Likes als Bilder, auf denen nur Menschen zu sehen sind. Die Tierliebe auf Social Media ist anscheinend grenzenlos.

Der Effekt von Filtern auf Gesichtern

Beiträge mit Filtern, die das Gesicht verändern, können mehr Interaktionen hervorrufen. Offenbar mögen Menschen es, wenn etwas Unkonventionelles mit dem Gesicht geschieht.

Das Paradox der Ortstags

Das regelmäßige Verwenden von Ortstags kann zu einer geringeren Interaktionsrate führen. Es scheint, als ob die Follower sich nicht übermäßig für den genauen Standort interessieren.

TECHNOLOGISCHE WUNDER UND KURIOSITÄTEN

Der automatische Sockensortierer

Ein Gerät, das Socken nach Farbe, Länge und Elastizität sortiert, um sicherzustellen, dass jeder Sockenpaar perfekt harmoniert. Denn wer möchte schon unkoordinierte Socken tragen?

Der Selbstredende Staubsauger

Ein Staubsauger, der einem während der Reinigung aufmunternde Worte zuspricht. „Gut gemacht, du holst wirklich das Beste aus mir heraus!" Manchmal braucht man eben eine Portion Motivation beim Hausputz.

Die Einweg-Wegwerfkamera

Eine Kamera, die nur ein einziges Bild aufnehmen kann und danach entsorgt werden muss. Perfekt für den Nostalgiker, der den Wert der Einmaligkeit in der Fotografie schätzt.

Die automatische Avocado-Entkerner-Maschine

Ein kompliziertes Gerät, das Avocados öffnet, den Kern entfernt und das Fruchtfleisch in perfekte Scheiben schneidet. Weil das mühsame Entkernen von Hand einfach zu herausfordernd ist.

Der Selfie-Stick-Verlängerer

Ein Teleskop-Selfie-Stick, um noch weiter entfernte Selfies zu machen. Denn wer möchte schon nur das Gesicht, wenn man auch den gesamten Körper im Bild haben kann?

Der elektrische Zahnstocher-Buzzer

Ein Gerät, das bei jedem erfolgreichen Entfernen von Speiseresten zwischen den Zähnen einen lauten Jubelton von sich gibt. Perfekt für diejenigen, die gerne ihr Zahnstocher-Geschick zur Schau stellen.

Der Schokoladen-gewichtsverlustfördernde Spiegel

Ein Spiegel, der dich schlanker erscheinen lässt, wenn du davor stehst, während er dir subtil Appetit auf Schokolade macht. Schließlich soll das Abnehmen auch Spaß machen!

Die automatische Haustür-Bügelmaschine

Ein Gerät, das automatisch die Falten aus der Kleidung streicht, während man durch die Haustür geht. Weil wer hat schon Zeit für das lästige Bügeln?

Der automatische Haarschneider-Regenschirm

Ein Regenschirm mit eingebauter Haarschneidefunktion, um die lästigen Haare, die im Regen zu nass werden drohen, gleich zu kürzen. Multitasking auf einem neuen Level!

Die selbstaufräumende Kühlschrank-App

Eine App, die den Kühlschrank automatisch aufräumt, organisiert und abgelaufene Lebensmittel aussortiert. Perfekt für alle, die lieber Zeit im Internet verbringen, statt den Kühlschrank zu pflegen.

Künstliche Intelligenz (KI) und Automatisierung

Die Zukunft wird von fortschrittlicher KI geprägt sein, die in verschiedenen Branchen eingesetzt wird, von der Medizin bis zur Logistik. Automatisierung wird die Effizienz steigern, aber auch Fragen bezüglich der Arbeitsplatzsicherheit aufwerfen.

Quantencomputer

Quantencomputer versprechen eine enorme Steigerung der Rechenleistung im Vergleich zu herkömmlichen Computern. Sie könnten komplexe Probleme wie die Simulation von Molekülen für die Medikamentenentwicklung lösen.

5G-Technologie

Die Einführung von 5G wird nicht nur die Mobilfunkgeschwindigkeiten verbessern, sondern auch die Grundlage für das Internet der Dinge (IoT) schaffen, indem es eine schnellere und zuverlässigere drahtlose Kommunikation ermöglicht.

Augmented Reality (AR) und Virtual Reality (VR)

AR und VR werden in verschiedenen Bereichen wie Gaming, Bildung und Gesundheitswesen eingesetzt. Sie könnten die Art und Weise, wie wir lernen, arbeiten und miteinander interagieren, revolutionieren.

Biotechnologie und Genom-Editing

Fortschritte in der Biotechnologie ermöglichen es, das menschliche Genom zu bearbeiten, was potenziell bahnbrechende Auswirkungen auf die Heilung genetischer Krankheiten haben könnte. Gleichzeitig werfen solche Technologien ethische Fragen auf.

Erneuerbare Energien

Der Übergang zu erneuerbaren Energien wird voraussichtlich weiter voranschreiten, um die Auswirkungen des Klimawandels zu begrenzen. Fortschritte in der Batterietechnologie werden die Speicherung erneuerbarer Energiequellen effizienter machen.

Blockchain-Technologie

Blockchain wird über Kryptowährungen hinaus in Bereichen wie Finanzdienstleistungen, Lieferkettenmanagement und Gesundheitswesen eingesetzt. Die dezentrale Natur der Blockchain verspricht Sicherheit und Transparenz.

Ethische KI und Datenschutz

Mit dem zunehmenden Einsatz von KI werden ethische Fragen im Zusammenhang mit Datenschutz und Entscheidungsfindung aufkommen. Die Entwicklung ethischer Richtlinien wird entscheidend sein, um den verantwortungsbewussten Einsatz von KI zu gewährleisten.

Space Tourismus und Weltraumforschung

Die kommerzielle Raumfahrt und der Tourismus im Weltraum könnten in den kommenden Jahren zunehmen. Gleichzeitig werden Fortschritte in der Weltraumforschung unser Verständnis des Universums vertiefen.

Nachhaltige Technologien

Die Entwicklung von Technologien, die zur Nachhaltigkeit beitragen, wird eine Schlüsselrolle in der Zukunft spielen. Dies umfasst Fortschritte in der Kreislaufwirtschaft, umweltfreundliche Transportmittel und nachhaltige Landwirtschaftspraktiken.

FASZINATION GAMING

Die „Inventar-Chaos"-Herausforderung

In Videospielen ist das Inventar oft organisierter als das echte Leben eines Teenagers. Versuch mal, dein Zimmer so aufzuräumen wie dein virtuelles Inventar!

Die „Epic-Fail-Rede"

Die eloquenten Reden, die du vor dem Mikrofon im Online-Multiplayer abhältst, sind oft epischer als die Reden vor der Klasse. Warum ist es so viel leichter, den Endboss zu besiegen als eine Präsentation zu halten?

Der „Sprint-zum-Kühlschrank-Marathon"

Wie schnell du vom Sofa zum Kühlschrank sprinten kannst, um in der Ladezeit des Spiels noch einen Snack zu schnappen, ist wahrscheinlich dein persönlicher Highscore.

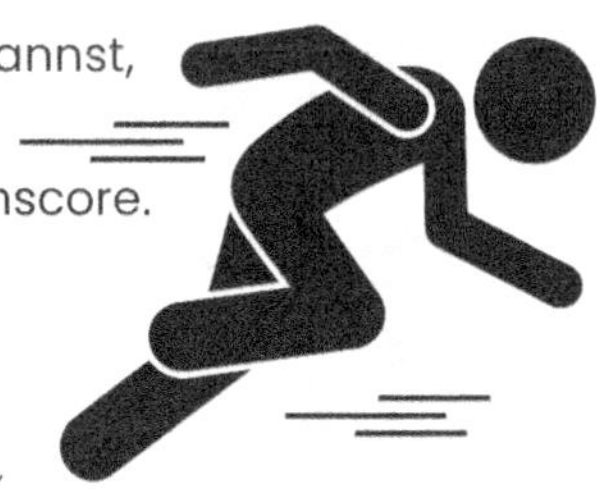

Das „Echte-Welt-Glitch"-Phänomen

Wenn du in der realen Welt gegen eine Tür läufst und sie sich nicht öffnet, überlegst du manchmal, ob du versehentlich in einen echten Welt-Glitch geraten bist.

Die „Gaming-Late-Night-Party“

Die besten Partys finden oft online statt, wenn du mit Freunden bis spät in die Nacht spielst und versuchst, nicht von deinen Eltern erwischt zu werden.

Die „Gamer-Logik“

Du kannst stundenlang nach dem perfekten Gaming-Setup suchen, aber wenn es um Hausaufgaben geht, ist ein einfacher Tisch und ein Stuhl plötzlich ausreichend.

Die „E-Sports-Traumvorstellung“

Wenn du davon träumst, ein E-Sports-Star zu werden, aber deine einzige Trophäe bisher darin besteht, das letzte Level ohne Pause zu schaffen.

Die „Gamer-Telepathie“

Du und dein Gaming-Partner habt eine besondere Art der Telepathie entwickelt. Ihr wisst genau, was der andere vorhat, ohne auch nur ein Wort zu sagen.

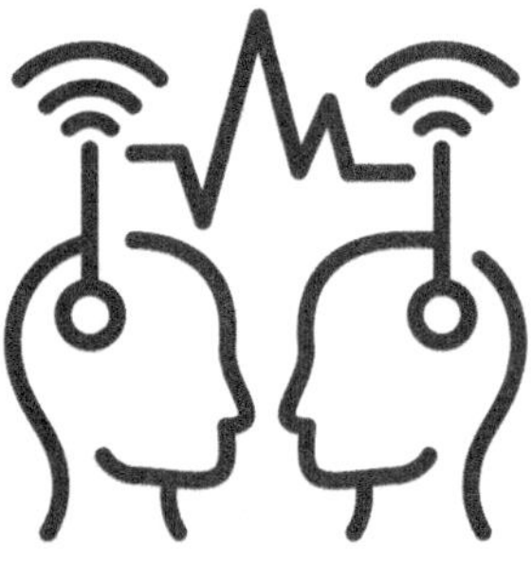

Die „Mikrofon-Missgeschicke“

Das versehentliche Einschalten des Mikrofons während eines Gaming-Marathons hat schon so manchen peinlichen Moment mit Eltern oder Geschwistern verursacht.

Die „Dialog-Memorisierung“

Du kannst die Dialoge deiner Lieblingsspiele auswendig, aber das Gedicht, das du für die Schule auswendig lernen sollst, bereitet dir Kopfschmerzen.

Pong, der Pionier

Das erste kommerziell erfolgreiche Arcade-Spiel war Pong, das 1972 von Atari veröffentlicht wurde. Es war eine einfache Tischtennissimulation, aber es legte den Grundstein für die Videospielindustrie.

Der Geburtsort der Videospiele

Der moderne Videospielmarkt begann in den Arkaden von Tōkyō und wurde von Tōru Iwatani geprägt, der 1980 Pac-Man schuf. Pac-Man wurde zu einem kulturellen Phänomen und ist bis heute ein ikonisches Spiel.

Die Ära der Konsolen

Mit dem Erscheinen von Konsolen wie dem Atari 2600 in den späten 1970er Jahren wurde das Spielen zu Hause populär. Das Interesse an Konsolen ist seitdem exponentiell gewachsen.

Der große Crash von 1983

In den frühen 1980er Jahren erlebte die Videospielindustrie einen Zusammenbruch, hauptsächlich aufgrund von Übersättigung und schlechter Qualität der Spiele. Dies führte zu einer vorübergehenden Abnahme des Interesses an Videospielen.

Das goldene Zeitalter der Arcade-Spiele

Die 1980er Jahre waren das goldene Zeitalter der Arcade-Spiele. Spiele wie Donkey Kong und Space Invaders faszinierten Spieler weltweit und legten den Grundstein für viele moderne Genres.

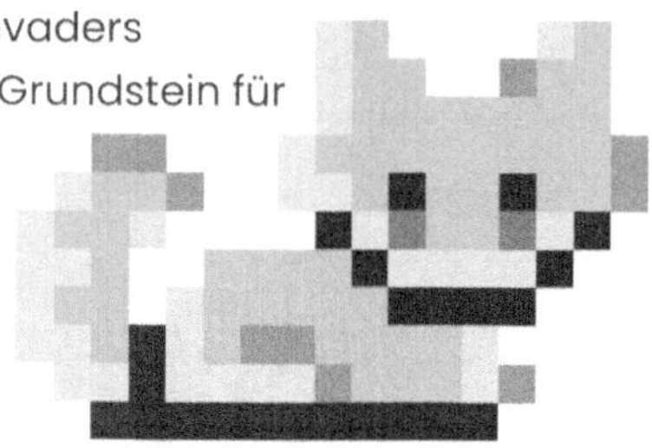

Der Aufstieg von Nintendo

Nintendo, gegründet als Kartenspielunternehmen, revolutionierte die Videospielindustrie mit dem Nintendo Entertainment System (NES) und ikonischen Charakteren wie Mario und Zelda.

Die 3D-Revolution

In den 1990er Jahren brachte die Einführung von 3D-Grafiken eine neue Dimension in die Spieleentwicklung. Spiele wie Doom und Quake führten zu einer verstärkten Immersion und Realismus.

Die Ära der Konsolenkriege

Die 1990er und 2000er Jahre waren von intensiven Wettbewerben zwischen Konsolenherstellern geprägt, insbesondere zwischen Sony (PlayStation), Nintendo und Microsoft (Xbox).

Der Aufstieg der Indie-Spiele

In den letzten Jahren hat die Bedeutung von unabhängigen Entwicklern (Indie-Spiele) zugenommen. Spiele wie Minecraft und Stardew Valley haben gezeigt, dass Innovation oft aus kleinen Studios kommen kann.

Die Ära der Virtual Reality (VR)

Mit dem Fortschritt von VR-Technologien betreten Spieler eine neue Ära der Immersion. VR-Spiele wie Beat Saber und Half-Life: Alyx bieten ein intensiveres Spielerlebnis.

DIE WUNDERSAME WELT DES DATINGS

Die „Telefon-Ära"

Stellt euch vor, eure Eltern hatten nur Festnetztelefone, um sich zu verabreden. Es gab kein Tippen von Nachrichten auf einem Bildschirm, sondern nervöse Anrufe mit Eltern im Hintergrund, die lauschten.

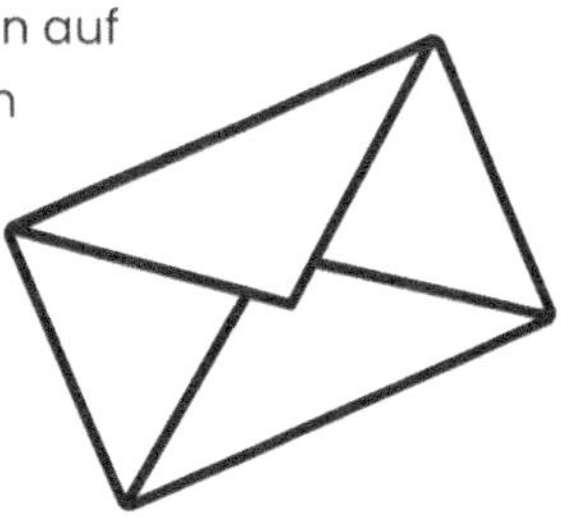

Die „Briefe statt Textnachrichten"

Anstatt süße Nachrichten zu verschicken, schrieben sich eure Eltern Briefe. Ja, echte Briefe auf Papier, die manchmal Wochen brauchten, um den Empfänger zu erreichen.

Der „Heim-Anruf"

Wenn eure Eltern sich bei einem Date verabredeten, war es üblich, dass der andere Elternteil zu Hause einen Anruf erhielt, um sicherzustellen, dass alles in Ordnung war. Keine schnellen Textnachrichten für die Updates.

Die „Langsame Annäherung"

Ohne die Beschleunigung durch Social Media und Dating-Apps verlief alles etwas langsamer. Es gab mehr persönliche Interaktionen und weniger Druck, sich sofort zu entscheiden.

Das „Filmabend"-Ritual

Statt sich auf Netflix zu verabreden, gingen eure Eltern oft in ein Kino. Es war nicht einfach, den perfekten Film auszuwählen, aber es gab immer die klassischen „Ich-strecke-meine-Hand-nach-deiner" Momente.

Die „Mixtapes statt Playlists"

Wenn eure Eltern versuchten, sich musikalisch auszudrücken, erstellten sie Mixtapes. Jeder Song war sorgfältig ausgewählt, um Gefühle zu übermitteln.

Die „Tanzabende"

Diskotheken und Tanzlokale waren beliebte Orte für Verabredungen. Eure Eltern verbrachten Stunden damit, sich zu rhythmischen Klängen zu bewegen, ohne sich Gedanken über Selfies zu machen.

Die „Feste Kleiderordnung"

Eure Eltern mussten oft eine besondere Kleiderordnung für Verabredungen beachten. Es gab weniger Freiheit bei der Wahl des Outfits im Vergleich zu heute.

Das „Warten auf den Anruf“

Nach einem Date gab es nicht die Möglichkeit, direkt nach Hause zu texten. Eure Eltern mussten geduldig auf den berühmten Anruf warten, um zu erfahren, ob es ein weiteres Date geben würde.

Die „Familieninterviews“

Es war nicht ungewöhnlich, dass Eltern die neuen Partner ihrer Kinder intensiv befragten. Die „Familieninterviews“ waren Teil des Dating-Rituals, und es war wichtig, sich gut zu präsentieren.

Die „Filter-Illusion“

Manchmal kann das erste persönliche Treffen nach intensivem Messaging etwas überraschend sein, wenn die Filter der sozialen Medien nicht mehr im Einsatz sind. #NoFilterReality

Die „Emoji-Kommunikation“

Manchmal besteht das gesamte erste Gespräch aus Emojis, und Jugendliche müssen Sherlock Holmes sein, um die wahren Bedeutungen zu entschlüsseln.

Das „Stalking-Paradoxon“

Bevor das erste Date stattfindet, haben Jugendliche oft bereits eine umfangreiche Recherche über die sozialen Medien durchgeführt. Beim Date selbst müssen sie dann so tun, als wüssten sie nichts.

Die „Snapchat-Schaukel“

Die Entscheidung, ob man auf Snapchat ein Selfie senden oder nicht, kann zu einem taktischen Dilemma werden. Zu früh? Zu casual? Zu viel Duckface?

Die „Tinder-Überraschung“

Das Aussehen einer Person kann auf Tinder oder anderen Dating-Apps manchmal zu einer Überraschung führen. Man denkt: „Huch, das Profilbild muss schon ein paar Jahre alt sein...“

Das „Gefühl der Unverbindlichkeit“

Jugendliche müssen manchmal jonglieren, um zu verstehen, ob das Date als „just chillin'“ oder als „ernsthaftes Interesse“ betrachtet wird. Eine subtile Kunst des Lesens von Emojis und Nachrichten.

Die „Post-Date-Analyse“

Nach dem Date verbringen Jugendliche oft mehr Zeit damit, die Gespräche zu analysieren und Screenshots an Freunde zu senden, als tatsächlich am Date beteiligt zu sein.

Die „Wifi-Wende“

Wenn das Date an einem Ort ohne gutes Wifi stattfindet, kann es zu einer kleinen Krise kommen. Was, wenn man das Instagram-Update verpasst?

Die „Dating-App-Enttäuschung“

Jugendliche müssen manchmal feststellen, dass die Person, mit der sie auf einer Dating-App sprechen, in der realen Welt nicht so „geschmeidig“ ist. Screenshots versus Realität.

Die „Gruppenchat-Rettung“

Wenn das Date nicht so verläuft, wie erhofft, kann der Gruppenchat mit Freunden oft als Rettungsanker dienen. Sie liefern Unterstützung, Humor und den dringend benötigten Rat.

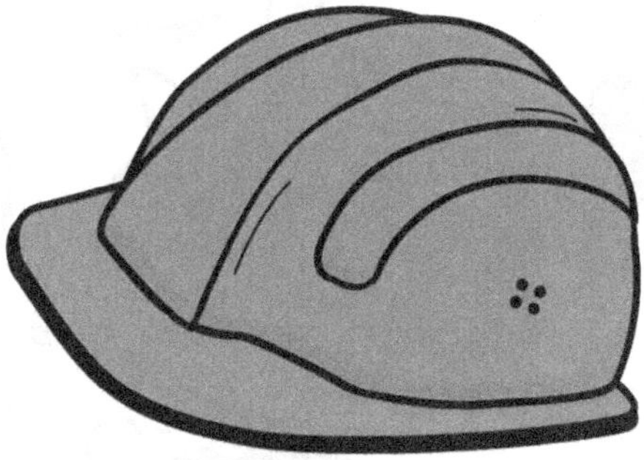

UNGEWÖHNLICHE BERUFE

Wolkenform-Analyst

Tatsächlich gibt es Menschen, die als Wolkenform-Analysten oder Wolkenforscher arbeiten. Meteorologen analysieren die Wolkenbildung und -typen, um Wettervorhersagen zu verbessern.

Wasserrutschen-Tester

In einigen Wasserparks gibt es Tester, die die Sicherheit und den Spaß von Wasserrutschen überprüfen, um sicherzustellen, dass sie den Standards entsprechen.

Golfball-Taucher

Professionelle Taucher werden beauftragt, Golfbälle aus Wasserhindernissen auf Golfplätzen zu bergen und zu verkaufen.

Lachforscher

Gelotologen erforschen das Lachen und seine gesundheitlichen Auswirkungen. Obwohl der Begriff „Lachforscher" vielleicht etwas scherzhaft klingt, ist das Studium des Lachens durchaus ernsthaft.

Achterbahn-Tester

Ingenieure und Spezialisten testen Achterbahnen, um sicherzustellen, dass sie sicher sind und den gewünschten Nervenkitzel bieten.

Profi-Schläfer

Manche Menschen verdienen tatsächlich Geld, indem sie als professionelle Schläfer fungieren und Matratzen oder Betten testen.

Katzenpsychologe

Tierpsychologen können sich auf Verhaltensstudien von Haustieren spezialisieren, einschließlich Katzen, um Besitzern bei der Bewältigung von Verhaltensproblemen zu helfen.

Geisterjäger

Menschen, die sich auf paranormale Untersuchungen spezialisieren, gehen auf Geisterjagd, um übernatürliche Phänomene zu dokumentieren.

Lego-Designer

Lego-Designer entwerfen tatsächlich neue Lego-Sets und prüfen, wie Kinder mit den Modellen spielen, um sicherzustellen, dass sie sowohl unterhaltsam als auch sicher sind.

Parfümexperte

Parfümeure sind Fachleute, die Düfte entwickeln und mischen. Ihre Arbeit erfordert ein tiefes Verständnis für Duftstoffe und ihre Wirkungen.

UNNÜTZES WISSEN ÜBER DIE WELT DES SPORTS

Die längste Tennissequenz

Die längste Tennismatch-Serie dauerte satte 11 Stunden und 5 Minuten. Nicolas Mahut und John Isner lieferten sich dieses epische Match während des Wimbledon-Turniers im Jahr 2010.

Der olympische Goldmedaillentest

Olympische Goldmedaillen sind tatsächlich nicht aus reinem Gold. Die letzten, die aus reinem Gold hergestellt wurden, waren 1912. Heute bestehen sie größtenteils aus Silber, mit einer dünnen Goldauflage.

Der höchste Basketballkorb

Der höchste Basketballkorb der Welt steht auf einer Höhe von 82 Fuß (ca. 25 Meter). Er wurde in einem Freizeitpark in den USA errichtet und ist definitiv eine Herausforderung für selbst die besten Basketballspieler.

Die ungewöhnliche Herkunft des Baseballhandschuhs

Der erste Baseballhandschuh wurde aus einem abgeschnittenen Pferdehuf hergestellt. Die Idee war es, die Hand vor Verletzungen zu schützen, wenn Spieler Bälle fingen.

Die längste Golfrunde

Die längste Golfrunde dauerte über 8 Stunden und wurde in einem weltweiten Versuch durchgeführt. Der Golfer schaffte es, auf 201 verschiedenen Golfplätzen zu spielen.

Rekord für den längsten Wheelie auf einem Motorrad

Der längste Wheelie auf einem Motorrad dauerte unglaubliche 205 Meilen (ca. 330 Kilometer). Der Fahrer meisterte diese Leistung auf einer Autobahn in Indien.

Der schnellste Skateboarder

Der schnellste Skateboarder erreichte eine Geschwindigkeit von 91,17 Meilen pro Stunde (ca. 146,74 Kilometer pro Stunde). Geschwindigkeitsfanatiker auf vier Rädern!

Die seltsamste Sportart

Unterwasser-Rugby ist tatsächlich eine Sportart. Zwei Teams versuchen, einen mit Salzwasser gefüllten Ball ins gegnerische Tor zu befördern – alles unter Wasser.

Der längste Marathon im Sitzen

Der längste Marathon im Sitzen dauerte 76 Stunden und 40 Minuten. Ein paar sportliche Enthusiasten haben diese erstaunliche Leistung bei einem Sit-up-Marathon erbracht.

Der schwerste Sumo-Ringer

Der schwerste Sumo-Ringer wog beeindruckende 583 Kilogramm! Einige dieser Athleten haben wirklich erstaunliche Körpermaße.

Die höchste Basketballpunktzahl in einem Spiel

Wilt Chamberlain erzielte in einem NBA-Spiel im Jahr 1962 unglaubliche 100 Punkte. Ein Rekord, der bis heute ungeschlagen ist.

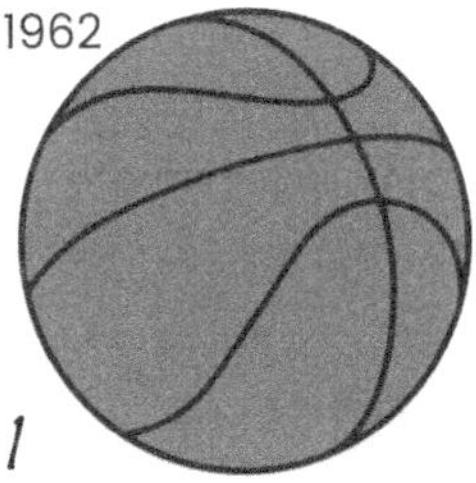

Die schnellste Runde in der Formel 1

Juan Pablo Montoya hält den Rekord für die schnellste Runde in einem Formel-1-Rennen. Er erreichte 2004 auf dem Autodromo Nazionale Monza in Italien eine Durchschnittsgeschwindigkeit von 262,242 km/h.

Das längste Hockeyspiel

Das längste Hockeyspiel der Welt dauerte über 250 Stunden. Während dieses Wohltätigkeitsspiels wurden nicht nur Rekorde gebrochen, sondern auch beachtliche Geldsummen für wohltätige Zwecke gesammelt.

Der längste Tennisrally

Zwei Tennisspieler hielten eine Rally über 29.000 Schläge aufrecht. Das dauerte mehr als 14 Stunden! Ein beeindruckendes Beispiel für Ausdauer und Konzentration.

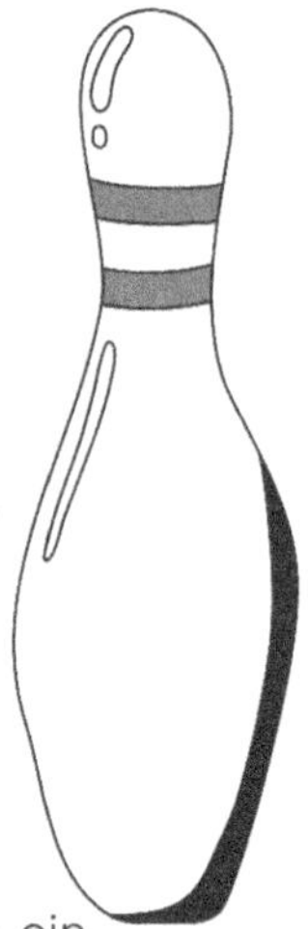

Die meisten aufeinanderfolgenden Bowling-Spiele mit 300 Punkten

Ein Bowling-Spieler namens Ben Ketola erzielte 2017 12 aufeinanderfolgende Spiele mit der perfekten Punktzahl von 300 – und das in nur 86,9 Sekunden pro Spiel!

Der älteste Olympiateilnehmer

Der älteste Olympiateilnehmer war Oscar Swahn, ein schwedischer Schütze. Er war 72 Jahre alt, als er an den Olympischen Spielen 1920 teilnahm.

Der längste Fußballmarathon

Eine Gruppe von Fußballspielern spielte 108 Stunden lang Fußball, um einen Weltrekord aufzustellen. Das ist mehr als vier Tage ununterbrochenes Fußballspielen!

Der längste Tennis-Marathon

Zwei Männer spielten 2017 ein Tennismatch, das unglaubliche 11 Stunden und 2 Minuten dauerte. Das ist fast so lange wie zwei durchschnittliche Arbeitstage!

Der längste Dauerlauf

Ein japanischer Läufer namens Yamauchi lief 2013 1.052 Kilometer in 10 Tagen. Das ist ungefähr die Strecke von Los Angeles nach Denver!

Der höchste Basketballwurf

Ein Basketballspieler namens Thunder Law stellte einen Rekord auf, indem er einen Korb aus 24 Metern Höhe traf. Der Korb befand sich auf einem Krater am Kilauea-Vulkan in Hawaii.

KURIOSITÄTEN ÜBER MUSIKFESTIVALS

Das kleinste Festival der Welt

Das „Tristan da Cunha Music Festival" findet auf der gleichnamigen Insel mitten im Südatlantik statt. Die Insel hat nur etwa 250 Einwohner, aber sie organisieren ein eigenes Musikfestival.

Die längste Gitarrensession

Beim „Woodstock Festival" im Jahr 1994 spielte die Gitarrenlegende Joe Satriani 24 Stunden lang ohne Pause, was als längste Gitarrensession in die Geschichte einging.

Das weltweit größte Schlammbad

Das Glastonbury Festival in England ist bekannt für seine Schlammorgien. 2005 gab es so viel Regen, dass große Teile des Festivalgeländes in ein riesiges Schlammbecken verwandelt wurden.

Die ungewöhnlichste Bühne

Das Boom Festival in Portugal bietet nicht nur elektronische Musik, sondern auch eine Bühne, die wie eine riesige Schlange geformt ist. Die Künstler treten tatsächlich im Inneren des Schlangenkopfes auf.

Das Festival der fliegenden Tomaten

Das „La Tomatina Festival" in Spanien ist eigentlich ein Lebensmittelschlacht-Festival, aber es hat auch eine Bühne mit Live-Musik. Nach dem Tomatenwerfen kann man sich also noch zu den Klängen der Musik entspannen.

Das weltweit höchste Festival

Das Ojos del Salado Festival in Chile findet in einer Höhe von etwa 6.071 Metern statt. Die Teilnehmer müssen sich auf extreme Höhenbedingungen einstellen, um teilnehmen zu können.

Die meisten Menschen, die Luftgitarre spielen

Beim „Air Guitar World Championship" in Finnland versammeln sich Menschen aus aller Welt, um Luftgitarre zu spielen. Die Veranstaltung hat sogar offizielle Regeln und Schiedsrichter.

Das Festival für Ziegenfreunde

Das „Sweetwater 420 Fest" in den USA hat nicht nur Live-Musik, sondern auch einen Wettbewerb, bei dem Ziegen kostümiert und bewertet werden. Es ist ein Festival, das Musik und Ziegenliebe vereint.

Das schrägste Festivalgelände

Das „Fuji Rock Festival“ in Japan findet tatsächlich am Fuße des Berges Fuji statt. Die einzigartige Lage und die atemberaubende Aussicht machen es zu einem der malerischsten Festivalgelände der Welt.

Das Festival für Extraterrestrische

Das „Alienstock Festival“ in Nevada, USA, wurde ins Leben gerufen, um das berühmte „Area 51“ zu feiern. Obwohl es als Scherz begann, entwickelte es sich zu einem echten Festival mit Live-Musik und außergewöhnlichen Alien-Bezügen.

Das Festival der kuriosen Namen

Das „End of the Road Festival“ in England ist bekannt für seine Bühnen mit ungewöhnlichen Namen wie „Garden Stage“ und „Big Top“. Es fügt dem Festival eine eigenartige Note hinzu.

Das „War of the Worlds“-Festival

In Großbritannien gab es ein Festival, das von Jeff Wayne's Musical Version of The War of the Worlds inspiriert war. Es beinhaltete nicht nur Live-Musik, sondern auch spektakuläre visuelle Effekte.

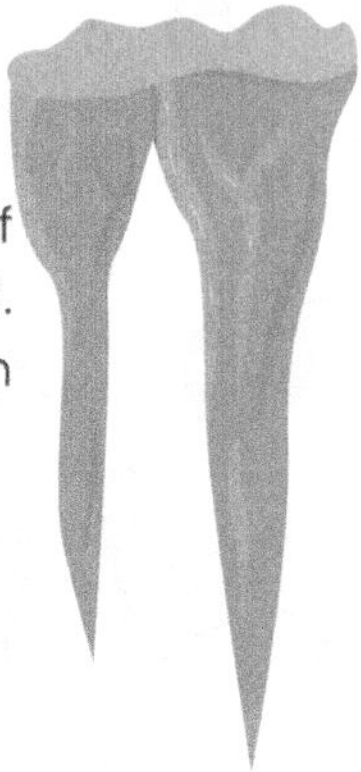

Das Festival im ewigen Eis

Das „Icemusic Festival" in Norwegen findet in einem Iglu-Dorf statt und präsentiert Instrumente, die aus Eis geschnitzt sind. Die einzigartige Akustik und die frostige Atmosphäre machen es zu einem unvergesslichen Erlebnis.

Das Festival der Kostüme

Das „Bestival" in England ist berühmt für seine verrückten Kostüme. Jedes Jahr gibt es ein anderes Motto, und die Festivalbesucher lassen ihrer Kreativität freien Lauf.

Das Festival für Vogelliebhaber

In den Niederlanden gibt es das „Oerol Festival", bei dem nicht nur Live-Musik aufgeführt wird, sondern auch Vogelkonzerte Teil des Programms sind. Ornithologen und Musikliebhaber kommen hier gleichermaßen auf ihre Kosten.

Das Festival im ehemaligen Gefängnis

Das „Festival Forte" in Portugal findet auf dem Gelände eines verlassenen Forts statt, das einst ein Gefängnis war. Die Festivalbesucher tanzen in den alten Gemäuern zu elektronischer Musik.

Das „Boomtown“ der fiktiven Stadt

Das „Boomtown Fair“ in England ist nicht nur ein Festival, sondern auch eine Art theatralische Erfahrung. Es schafft eine fiktive Stadt mit verschiedenen Bezirken und Charakteren.

Das Festival der schwimmenden Bühnen

Das „Positivus Festival“ in Lettland verfügt über Bühnen, die auf einem malerischen See schwimmen. Die Festivalbesucher können die Musik von Booten oder vom Ufer aus genießen.

Das „Klang der Dämmerung“-Festival

Das „Moers Festival“ in Deutschland bietet Musik im Dunkeln. Die Veranstaltung beginnt bei Sonnenuntergang, und die Künstler treten bei Kerzenlicht oder in vollkommener Dunkelheit auf.

Das Festival des Klangspektakels

Das „Fête de l'Humanité“ in Frankreich hat nicht nur Live-Musik, sondern auch Feuerwerke, Lichtshows und artistische Darbietungen. Es ist eine Mischung aus Musik und visuellem Spektakel.

NICHT GANZ UNNÜTZES WISSEN ÜBER DIE WICHTIGKEIT SOZIALER KONTAKTE IN DER REALEN WELT

Mentale Gesundheit in der Adoleszenz

Jugendliche mit starken sozialen Bindungen neigen dazu, weniger unter depressiven Symptomen zu leiden. Die Unterstützung von Freunden kann eine entscheidende Rolle bei der emotionalen Stabilität in dieser Phase spielen.

Peer-Einfluss auf das Stressmanagement

Jugendliche, die positive soziale Kontakte pflegen, haben oft bessere Stressbewältigungsfähigkeiten. Gemeinsame Aktivitäten mit Freunden können als natürlicher Stressabbau dienen.

Identitätsbildung durch soziale Interaktionen

Soziale Kontakte ermöglichen Jugendlichen die Entdeckung ihrer Identität. Durch den Austausch von Ideen und Erfahrungen mit Gleichaltrigen können sie ihre eigenen Werte und Interessen besser verstehen.

Einfluss auf das schulische Umfeld

Freundschaften und soziale Gruppen beeinflussen das schulische Umfeld. Jugendliche, die sich sozial eingebunden fühlen, neigen dazu, besser in der Schule zu funktionieren und erfolgreicher zu sein.

Entwicklung sozialer Fähigkeiten

Jugendliche lernen durch soziale Kontakte wertvolle zwischenmenschliche Fähigkeiten. Kommunikation, Empathie und Konfliktlösung sind entscheidende Aspekte, die in der realen Welt, weit über virtuelle Interaktionen, entwickelt werden.

Einfluss auf emotionale Resilienz

Starke soziale Beziehungen fördern die emotionale Resilienz von Jugendlichen. In Zeiten von Stress oder Unsicherheit können enge Freunde als emotionale Stütze dienen.

Sozialer Druck und Identifikation

Jugendliche sind stark von sozialem Druck betroffen. Durch positive soziale Kontakte können sie sich besser gegen negativen sozialen Druck behaupten und ihre eigene Identität klarer definieren.

Gemeinschaftsbildung und Integration

Soziale Kontakte helfen Jugendlichen, sich in ihrer Gemeinschaft zu integrieren. Dies kann das Gefühl der Zugehörigkeit stärken und die Entwicklung eines gesunden Selbstbewusstseins fördern.

Entwicklung von Lebenskompetenzen

Jugendliche lernen durch soziale Interaktionen wichtige Lebenskompetenzen wie Teamarbeit, Kommunikation und Konfliktlösung. Diese Fähigkeiten sind nicht nur für die Jugendzeit, sondern auch für das spätere Erwachsenenleben von Bedeutung.

Digital Detox und Face-to-Face-Verbindungen

In einer Zeit, in der digitale Interaktionen dominieren, betonen Face-to-Face-Verbindungen die Bedeutung von echten Beziehungen. Jugendliche profitieren von persönlichen Treffen, da sie sozialen Fähigkeiten stärken und eine authentische Bindung ermöglichen.

UNNÜTZE JUGENDWÖRTER

Läuft bei dir!

Bedeutung: Alles läuft gut bei dir.

Voll der Brecher!

Bedeutung: Etwas ist besonders aufregend oder beeindruckend.

Digga/Digger

Bedeutung: Ein informeller Ausdruck für einen Freund oder Kumpel.

Voll am Start

Bedeutung: Bereit oder voll engagiert für eine Sache.

Chillaxen

Bedeutung: Eine Kombination aus „chillen" und „relaxen", bedeutet also entspannen.

Alda/Alter

Bedeutung: Eine Variante von „Alter", um einen Freund anzusprechen.

Lass mal checken!

Bedeutung: Lass uns nachschauen oder überprüfen.

Yolo

Bedeutung: Abkürzung für „You Only Live Once" - du lebst nur einmal.

Lost in the Game

Bedeutung: Jemand, der sich in Gedanken oder Emotionen verloren hat.

Crashen

Bedeutung: Unangekündigt auftauchen oder jemanden besuchen.

Smombie

Bedeutung: Eine Kombination aus „Smartphone" und „Zombie", beschreibt jemanden, der völlig in sein Smartphone vertieft ist und seine Umgebung nicht mehr wahrnimmt.

LMÄO

Bedeutung: Eine spaßhafte Variation von „LMAO" (Laughing My Ass Off), die „Laughing My Äpfel Off" bedeuten könnte. Äpfel werden als lustiger Ersatz für das ursprüngliche Akronym verwendet.

Fomozaun

Bedeutung: Ein imaginärer Zaun, der Menschen davon abhält, sich an Aktivitäten oder Veranstaltungen zu beteiligen, aus Angst, etwas zu verpassen (Fear of Missing Out).

Snackenacke

Bedeutung: Der plötzliche Heißhunger auf einen Snack, der so drängend ist, dass er wie eine Attacke erscheint.

Pausenclown

Bedeutung: Jemand, der in der Pause besonders witzig oder unterhaltsam ist, um die Stimmung aufzulockern.

Fingerwischdepression

Bedeutung: Die vorübergehende Traurigkeit, die entsteht, wenn man durch Social-Media-Feeds scrollt und das Gefühl hat, dass alle anderen ein aufregenderes Leben führen.

Lululand

Bedeutung: Ein imaginärer Ort oder Zustand, der für Leichtigkeit und Unbeschwertheit steht.

Noobtastisch

Bedeutung: Eine humorvolle Kombination von „Noob" (Anfänger) und „fantastisch", um jemanden zu beschreiben, der auf charmante Weise unerfahren oder ungeschickt ist.

Baboombastic

Bedeutung: Eine humorvolle Erweiterung von „babo" oder „Baba", was in einigen Regionen „Kumpel" oder „Freund" bedeutet, kombiniert mit „bombastisch".

Emoji-Overkill

Bedeutung: Die Verwendung einer übermäßigen Anzahl von Emojis in Textnachrichten oder Online-Kommunikation, um Emotionen zu verstärken.

UNNÜTZES WISSEN ÜBER UNNÜTZES WISSEN

Das Paradoxon des unnützen Wissens

Das Streben nach unnützem Wissen kann in gewisser Weise als paradox betrachtet werden, da das Wissen selbst nicht immer praktischen Nutzen hat.

Der unendliche Kreis des Unnutzens

Unnützes Wissen über unnützes Wissen könnte als endloser Kreislauf betrachtet werden – ein schier unerschöpfliches Reservoir absurder Informationen.

Das Eulen-und-Katzen-Dilemma

Forschungen legen nahe, dass Menschen eher unnützes Wissen über Tiere, besonders über Eulen und Katzen, ansammeln. Warum ausgerechnet diese Tiere? Die Wissenschaft hat darauf bisher keine klare Antwort.

Der Faktor der Cocktailparty-Konversation

Unnützes Wissen wird oft als Rettungsanker bei sozialen Veranstaltungen genutzt, um interessante Gespräche zu initiieren. Es ist gewissermaßen der heimliche Held der Cocktailparty-Konversation.

Die Absurdität der Absurdität

Die Tatsache, dass wir uns mit unnützem Wissen befassen, zeigt, dass der menschliche Geist eine gewisse Faszination für das Absurde und Sinnlose hat – eine seltsame, aber faszinierende Facette der menschlichen Natur.

Unnützes Wissen über unnützes Wissen sorgt für Lächeln

Studien haben gezeigt, dass Menschen, die unnützes Wissen teilen, eher dazu neigen, andere zum Lächeln zu bringen. Das allein könnte als Nutzen dieses Wissens betrachtet werden!

Die Universalität des Unnutzens

Unnützes Wissen kennt keine Grenzen – es kann in jeder Kultur und in jeder Sprache gefunden werden. Es ist sozusagen eine universelle Form der Nutzlosigkeit.

Die subtile Kunst des Vergessens

Ironischerweise vergessen Menschen oft das unnütze Wissen, das sie gelernt haben, was wiederum seine Nutzlosigkeit betont.

Der Guru des unnützen Wissens

Es gibt tatsächlich Menschen, die als „Unnützes-Wissen-Gurus" gelten. Diese Individuen haben erstaunliches Fachwissen über die skurrilsten und nutzlosesten Fakten.

Das Unnütze-Wissen-Quiz-Dilemma

Es gibt Online-Quizze und Spiele, die sich ausschließlich auf unnützes Wissen konzentrieren. Hier stellt sich die Frage: Ist es wirklich unnütz, wenn es uns Freude bereitet?

SCHLUSSWORT

Herzlichen Glückwunsch, du hast es geschafft! Du hast dich durch die Tiefen dieses Buches über unnützes Wissen für Teenager gewühlt wie ein Ameisenbär auf der Suche nach dem besten Ameisenhügel. Ein dreifaches Hoch auf deine Ausdauer und deine Bereitschaft, in die skurrile Welt der Fakten einzutauchen!

Du bist jetzt nicht nur mit beeindruckenden Tatsachen über tanzende Bienen, singende Krähen und fluchende Papageien bewaffnet, sondern du bist auch offiziell ein Meister des unnützen Wissens. Herzlichen Glückwunsch, dieser Titel wird dir in keinem Lebenslauf fehlen!

Wenn du jemals das Bedürfnis verspürst, eine Party aufzupeppen, Small Talk zu beherrschen oder einfach nur jemanden mit einer bizarr lustigen Tatsache zu beeindrucken, weißt du, wo du nachschlagen kannst. Dieses Buch wird dein Ticket zu unendlichem Wissensreichtum über die kuriosen und komischen Seiten des Lebens bleiben.

Möge dein Geist genauso wendig und neugierig bleiben wie ein tanzender Marienkäfer und genauso widerstandsfähig wie ein Tardigrade in Extremsituationen. Denke daran, dass Wissen nicht nur in den Dingen liegt, die wir brauchen, sondern auch in den Dingen, die uns zum Lächeln bringen und unseren Alltag aufhellen.

In einer Welt, die manchmal ernsthaft sein kann, ist es wichtig, den Humor nicht zu verlieren. Möge dieses Buch dir nicht nur Fakten geliefert haben, sondern auch ein breites Grinsen auf dein Gesicht gezaubert haben. Du bist ein Champion des Wissens, ein Held des Humors, und ich bin mir sicher, dass du noch viele Abenteuer in der Welt des unnützen Wissens erleben wirst.

Also mach weiter so, bleib neugierig, und denke daran: Das Leben mag manchmal absurd sein, aber mit einem Lächeln im Gesicht wird es gleich viel bunter. Danke, dass du mit uns auf diese abenteuerliche Reise gegangen bist!

P.S.: Falls du jemals vergisst, warum sich die Erde dreht, denke daran: Es gibt keine feste Regel, außer dass ein Lächeln immer die beste Antwort ist. Bis zum nächsten Abenteuer im Reich des unnützen Wissens!

IMPRESSUM

Herausgeber:
Les Ismore
c/o autorenglück.de
Franz-Mehring-Str. 15
01237 Dresden
lieblings.buecher@web.de

ISBN: 9798876755353

Haftungsausschluss: Dieser Text wurde mit der Hilfe von ChatGPT erstellt, dem virtuellen Schreibgefährten, der sich so gut auf unnützes Wissen versteht wie ein Pinguin auf einer Eisbahn. Also, wenn du jemals in einer hitzigen Diskussion darüber, ob Kängurus wirklich rückwärts hüpfen können, steckst, erinnere dich daran, dass wir hier mehr auf Unterhaltung als auf eine Abschlussprüfung vorbereitet haben. Die Fakten könnten so wahr sein wie ein Einhorn, das auf einer Wolke ein Nickerchen macht – also nimm sie mit einem Augenzwinkern und einem Lächeln!

Inhalte von OpenAI's GPT-3.5-Modell generiert

Printed in France by Amazon
Brétigny-sur-Orge, FR

19213529R00057